Christoph Pfeiffer

Gewinnung von Zufallszahlen mit vorgegebener Verteilung

GRIN Verlag

Bibliografische Information der Deutschen Nationalbibliothek:

Die Deutsche Bibliothek verzeichnet diese Publikation in der Deutschen National-
bibliografie; detaillierte bibliografische Daten sind im Internet über http://dnb.d-
nb.de/ abrufbar.

Impressum:

Copyright © 2006 GRIN Verlag GmbH
Druck und Bindung: Books on Demand GmbH, Norderstedt Germany
ISBN: 978-3-638-81027-2

Dieses Buch bei GRIN:

http://www.grin.com/de/e-book/56154/gewinnung-von-zufallszahlen-mit-vorgege-
bener-verteilung

GRIN - Your knowledge has value

Der GRIN Verlag publiziert seit 1998 wissenschaftliche Arbeiten von Studenten, Hochschullehrern und anderen Akademikern als eBook und gedrucktes Buch. Die Verlagswebsite www.grin.com ist die ideale Plattform zur Veröffentlichung von Hausarbeiten, Abschlussarbeiten, wissenschaftlichen Aufsätzen, Dissertationen und Fachbüchern.

Besuchen Sie uns im Internet:

http://www.grin.com/

http://www.facebook.com/grincom

http://www.twitter.com/grin_com

Helmut Schmidt Universität

Universität der Bundeswehr Hamburg

Fachbereich WOW

Gewinnung von Zufallszahlen mit vorgegebener Verteilung

"Seminar zur Statistik"

Christoph Pfeiffer

Hamburg

31. Juli 2007

Inhaltsverzeichnis

1 Einleitung

Ausgangspunkt der Überlegungen sind vom Computer erzeugte Pseudozufallszahlen. Auf die mit der Erstellung von ZV verbundenen Probleme wird nicht weiter eingegangen, sondern wir gehen einfach davon aus, dass diese Zahlen unabhängig und gleichverteilt zwischen 0 und 1 sind. Ziel ist es, zu zeigen, wie diese Zufallszahlen so verändert werden können, dass sie anderen Verteilungen folgen. Dabei wird auf die *Inverse Transformation* und die *Acceptance Rejection Methode* eingegangen.

Die Gleichverteilung auf dem Intervall $U[0, 1]$ ist eine Spezialform der allgemeinen Gleichverteilung mit der Dichtefunktion:

$$f_U(u) = \begin{cases} \frac{1}{b-a}, & a \le u \le b \\ 0, & \text{sonst} \end{cases}$$

Hierbei ist $a = 0$ und $b = 1$, so dass $\quad f_U(u) = \begin{cases} 1, & 0 \le u \le 1 \\ 0, & \text{sonst} \end{cases}$

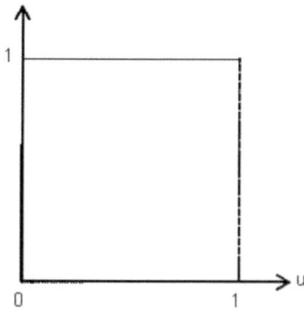

Abbildung 1: Dichtefunktion der Gleichverteilung mit $a = 0$ und $b = 1$

1

2 Inverse Transformation

Die Inverse Transformation ist die einfachste Methode, aus gleichverteilten Zufallszahlen Zufallszahlen anderer Verteilungen zu erhalten. Während bei der in Abschnitt 1 dargestellten Gleichverteilung jedes einzelne Ereignis zwischen 0 und 1 mit genau der gleichen Wahrscheinlichkeit eintritt, folgt die Eintrittswahrscheinlichkeit nach der inversen Transformation der zugrundegelegten Verteilungsfunktion. Intuitiv

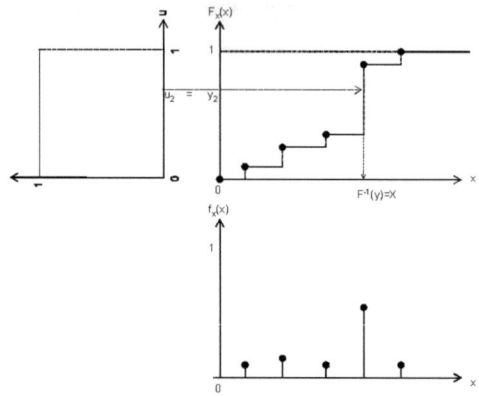

Abbildung 2: Gewinnung einer Zufallzahl einer disrekten Verteilung

kann der Vorgang bei diskreten Verteilungen folgendermaßen verstanden werden: u entspricht y und da u gleichverteilt ist, enspricht die Wahrscheinlichkeit von $F^{-1}(y) = X$ genau der Senkrechten zwischen den jeweiligen Stufen der Verteilungsfunktion, also $f(x)$. Womit das so gewonnene x der gewünschten Verteilung folgt.

Demzufolge gilt bei einer streng monoton wachsenden und stetigen Verteilung: $X = F^{-1}(U)$

Gemäß der Definition der Verteilungsfunktion gilt: $P(X \leq x) = F(X)$

Substituieren wir X durch $F^{-1}(U)$ so folgt: $P\left(F^{-1}(U) \leq x\right) = P(U \leq F(X)) = F(X)$

Formell ist die Bildung der Umkehrfunktion nur bei Surjektvität und Injektivität der umzukehrenden Funktion möglich. Unter einer surjektiven Funktion versteht man eine Funktion, bei der jedes Element der Zielmenge mindestens einem Element der Definitionsmenge zugeordnet ist. Die Surjektivität ist bei stetigen Verteilungsfunktionen grundsätzlich gegeben. Unter einer injektiven Funktion versteht man eine Funktion, bei der jedes Element der Zielmenge höchstens einem Element der Definitionsmenge zugeordnet ist. Diese Eigenschaft ist bei diskreten Verteilungen grundsätzlich nicht gegeben, da in der Regel einem y-Wert mehrere x-Werte zugeordnet sind (siehe Veranschaulichung). Aber auch bei stetigen Verteilungen kann die Eigenschaft der Injektivität fehlen, wenn sie nicht streng monoton steigt. Deshalb ist folgende Definition bei der Bildung der Umkehrfunktion von Verteilungen zu beachten:

$$F^{-1}(y) = \min\{x : F(y) \geq y\}, \quad \forall \quad y \in]0,1]$$

So dass $F^{-1}(y)$

1. nur für y-Werte zwischen 0 und 1 definiert ist

2. immer der kleinst mögliche, wählbare x-Wert ist.

Damit kann dann die Umkehrfunktion aller Verteilungsfunktionen gebildet werden, soweit die Berechnung möglich ist.

Veranschaulichung

In Abb. 3 ist $F(x_1-) = F(x_0) = y$ d.h. $P(X \in (x_0,x_1)) = F(x_1-) - F(x_0) = 0, F_x(x_0) = F(x_1-)$

Nach obiger Definition immer der kleinst mögliche Wert zu wählen, also hier x_0.

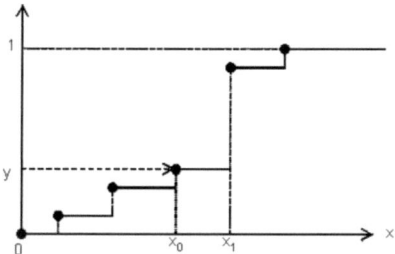

Abbildung 3: Problem der Injektivität

2.1 Algorithmus

1. Gleichverteilte Zufallszahl erstellen $U]0,1]$

2. $X \leftarrow F^{-1}(U)$

3

2.2 Beispiele

Beispiel 1 *Quadratische Verteilung*

Angenommen eine Zufallsvariable X mit Dichtefunktion f,

$$f(x) = \begin{cases} 2x, & 0 \leq x \leq 1 \\ 0, & \text{sonst} \end{cases}$$

soll generiert werden. Da die Verteilungsfunktion F die Form

$$F(x) = \begin{cases} 0 & x < 0 \\ x^2 & 0 \leq x \leq 1 \\ 1 & x > 1 \end{cases}$$

besitzt, kann X dargestellt werden durch $X = F_x^{-1}(U) = \sqrt{U}$

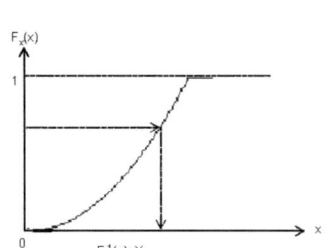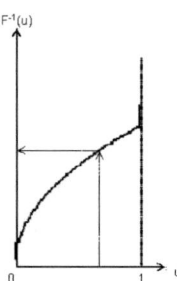

Abbildung 4: Bildung der Umkehrfunktion der quadratischen Verteilung

4

Beispiel 2 *Die allgemeine Gleichverteilung*

Es soll wiederum eine Zufallsvariable X mit der Dichtefunktion f,

$$f(x) = \begin{cases} \frac{1}{b-a}, & a \leq x \leq b \\ 0, & \text{sonst} \end{cases}$$

generiert werden. Die Verteilungsfunktion F hat folgende Form:

$$F_x(x) = \begin{cases} 0, & x < a \\ \frac{x-a}{b-a} & a \leq x \leq b \\ 1, & x > b \end{cases}$$

Dementsprechend kann X wie folgt dargestellt werden:

$$X = F^{-1}(U)$$
$$\Rightarrow \frac{X-a}{b-a} = U$$
$$\Leftrightarrow X = U(b-a) + a$$

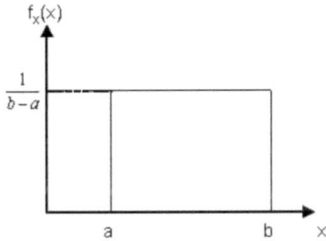

Abbildung 5: Die allgemeine Gleichverteilung

5

Beispiel 3 *Exponentialverteilung*

Ziel ist es, eine ZV X mit Dichtefunktion f,

$$f(x) = \begin{cases} \frac{1}{\beta}e^{-\frac{x}{\beta}}, & 0 \leq x < \infty, \quad \beta > 0 \\ 0, & \text{sonst} \end{cases}$$

zu generieren. Aus f ergibt sich die Verteilungsfunktion F,

$$F(x) = \begin{cases} 0, & x < 0 \\ 1 - e^{-\frac{x}{\beta}}, & 0 \leq x < \infty \end{cases}$$

womit sich X wie folgt darstellen läßt:

$$X = F^{-1}(U) \Leftrightarrow F(X) = U$$

Dementsprechend

$$1 - e^{-\frac{X}{\beta}} = U$$

Bei einer Gleichverteilung haben U und $1 - U$ die gleiche Verteilung. Für die in der Praxis verwendeten Psuedozufallszahlen gilt dies nur unter der Voraussetzung, dass die erstellte Pseudozufallszahl wirklich auf dem Intervall $[0, 1]$ gleichverteilt ist und nicht wie oftmals auf dem Intervall $]0, 1]$. Bei praktischen Anwendungen ist hier deshalb Vorsicht walten zu lassen.

$$e^{-\frac{X}{\beta}} = 1 - U \sim U \quad \Leftrightarrow -\frac{X}{\beta} = \ln(U)$$

$$\Leftrightarrow X = -\ln(U)\beta$$

2.3 Fazit

Wie gezeigt wurde, *kann* die Inverse Transformation unter bestimmten Umständen mit relativ wenig Aufwand vollzogen werden. Sie findet ihre Grenzen jedoch in der Berechnung komplizierterer Verteilungen, deren Umkehrfunktion zu berechnen entweder sehr aufwendig oder gar unmöglich (z.B. bei der Normalverteilung) ist. Deshalb muss auf andere Methoden zurückgegriffen werden, von denen die *Acceptance-Rejection-Methode* im Folgenden erläutert wird.

3 Acceptance-Rejection-Methode

Die Acceptance-Rejection-Methode ist die bekannteste und verbreitetste Methode zur Erstellung von Zufallszahlen Z bestimmter Verteilungen. Jedoch ist zu beachten, dass sie nicht immer auch die effizienteste Methode ist. Die zugrundeliegende Idee ist, Zufallszahlen X zunächst von einer Verteilung zu generieren, die keine Schwierigkeiten bereitet, die simulierten Zahlen jedoch nur mit einer bestimmten Wahrscheinlichkeit zu akzeptieren. Weshalb funktioniert die Acceptance-Rejection-Methode?

Beweis

Es sei X eine ZV der Dichtefunktion $g(x)$, so dass $f(x) \leq Kg(x) \; \forall \; x$. Es sei $h(x)$ die Wahrscheinlichkeit, dass x akzeptiert wird: $h(x) = \frac{f(x)}{Kg(x)}$.

Zu zeigen: $P(X \leq x \mid X \text{ akzeptiert}) = F(x)$

$$P(X \leq x \; \cap \; X \text{ akzeptiert}) = \int_{-\infty}^{x} h(y) \cdot g(y) dy$$

$$P(X \text{ akzeptiert}) = \int_{-\infty}^{\infty} h(y) \cdot g(y) dy$$

gem. Def. der bedingten WK $\quad P(X \leq x \mid X \text{ akzeptiert}) = \dfrac{\int_{-\infty}^{x} h(y) \cdot g(y) dy}{\int_{-\infty}^{\infty} h(y) \cdot g(y) dy}$

$$= \frac{\int_{-\infty}^{x} f(y) dy}{\int_{-\infty}^{\infty} f(y) dy} = \int_{-\infty}^{x} f(x) dy = F(x) \quad \text{q.e.d.}$$

3.1 Beispiele

Beispiel 4 *Eine allgemeine Dichtefunktion mit endlichem Definitionsbereich*

Ziel ist es eine Zufallszahl X der Dichtefunktion f zu erstellen.

Der *erste Schritt* ist die Bestimmung einer geeigneten, übergelagerten Funktion, $g(x)$. Wir nehmen an, dass es sich hier um eine nicht asymptotische Dichtefunktion mit globalem Maximum handelt. Eine konstante Funktion kann dann zur Überlagerung verwendet werden, $g(x) = c$. Notwendige Bedingung ist: $f(x) \leq g(x), x \in [a,b]$.

Der *zweite Schritt* ist die Simulation eines innerhalb des Rechtecks gleichverteilten Punktes $P(V_1; V_2)$ mit Hilfe der auf $]0,1]$ gleichverteilten Zufallszahlen U_1 und U_2. V_1 und V_2 seien zwei je auf x und y Achse des Rechtecks gleichverteilte, unabhängige Zufallszahlen:

$V_1 = a + (b-a)U_1$

$V_2 = c \cdot U_2$

Letzter Schritt ist Annahme oder Ablehnung von V_1 als Zufallszahl der Dichtefunktion f. Je nachdem ob der Punkt innerhalb oder außerhalb der gewünschten Dichtefunktion liegt, wird er akzeptiert oder abgelehnt. Wenn also $V_2 < f(V_1)$, so wird V_1 als Zufallszahl akzeptiert. Die bedingte Verteilung von V_1 gegeben $V_2 < f(V_1)$, hat die Dichtefunktion f (vgl. Beweis Abschnitt 3). Liegt V_2 außerhalb von $f(x)$ wird V_1 als Zufallszahl der Dichtefunktion f abgelehnt und die Prozedur wird wiederholt bis die gewünschte Anzahl von Zufallszahlen erzeugt worden ist. Aus Effizienzgesichtspunkten ist c möglichst

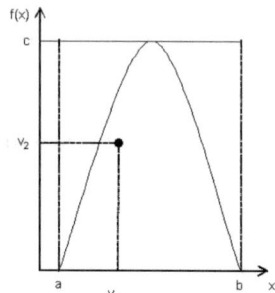

Abbildung 6: Die Acceptance-Rejection-Methode bei einer einfachen Dichtefunktion

klein zu wählen, also $c = \max f(x)$. Geometrisch ist die Effizienz t gleich dem Quotienten der Fläche unterhalb der Funktion und der Fläche des gesamten Rechtecks. Sie ist maximal, bei $t = 1$ (also wenn die Fläche unterhalb der Funktion gleich der Fläche des gesamten Rechtecks ist), jedoch ist dann die Acceptance-Rejection-Methode überflüssig, da die Zufallszahlen unmittelbar simuliert werden können.

Beispiel 5

Es soll eine ZV X mit der Dichtefunktion f, $f(x) = 2x$, $x \in [0,1]$ generiert werden. Zunächst werden dazu zwei auf den Intervall $]0,1]$ gleichverteilte Zufallszahlen U_1, U_2 erstellt. Wie im vorhergehenden Beispiel kann eine kostante Funktion als übergeordnete Funktion verwendet werden, die, um eine möglichst hohe Effizienz zu erreichen, dem Maximum der zu simulierenden Funktion gleich ist.

$$c = \max f(x) = 2$$

Es wird ein innerhalb des Rechtecks gleichverteilter Punkt, $P(V_1; V_2)$ simuliert:

$$V_1 = U_1, \ V_2 = 2 \cdot U_2$$

Wenn der Punkt unterhalb der Dichtefunktion liegt $f(V_1) > V_2$ so wird V_1 als Zufallszahl von f akzeptiert.

Liegt der Punkt oberhalb der Dichtefunktion $f(V_1) < V_2$ wird V_1 abgelehnt und der Vorgang beginnt von neuem.

Beispiel 6 *Standardnormalverteilung*

Die Standardnormalverteilung konnte nicht mit der Inversen Transformation simuliert werden. Jedoch ist dies mit der Acceptance-Rejection-Methode möglich. Als übergeordnete Funktion $Kg(x)$, mit der relativ einfach Zufallszahlen erstellt werden können, dient die Exponentialfunktion. Es ist offensichtlich, dass eine Funktion, die für den Bereich von $(-\infty, \infty)$ definiert ist, nur durch eine Funktion mit gleichem Definitionsbereich vollständig überlagert werden kann. Eine konstante Funktion als übergeordnete Funktion – wie in den bisherigen Beispielen – ist bei vollständiger Simulation der Standardnormalverteilung also nicht möglich. Falls jedoch nur ein bestimmter Abschnitt simuliert werden soll z.b. $[-3; 3]$ wäre dies auch mit Hilfe einer linearen oder konstanten Funktion möglich.

$$g(x) = \tfrac{1}{2} \cdot e^{-|x|}, \quad x \in \mathbb{R}$$
$$f(x) = \frac{1}{\sqrt{2\pi}} e^{-\frac{x^2}{2}} \quad x \in \mathbb{R}$$

Aus Effizienzgründen sollte K so klein wie möglich gewählt werden: $K \to$ min, NB: $Kg(x) \geq f(x)$

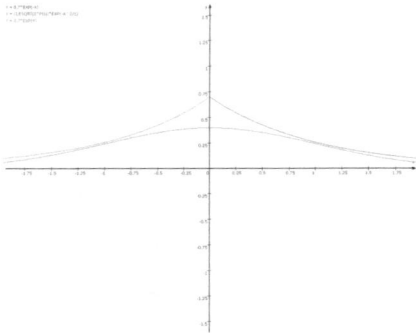

Abbildung 7: Überlagerung der Standardnormalverteilung durch die Exponentialfunktion mit annähernd optimaler Effizienz

Wir setzen an:

$$\frac{1}{\sqrt{2\pi}}e^{-\frac{x^2}{2}} \leq K \cdot \frac{1}{2}e^{-|x|}$$

Da symmetrische Funktionen vorliegen wird nur $x > 0$ betachtet

$$\frac{1}{\sqrt{2\pi}}e^{-\frac{x^2}{2}} \leq \frac{1}{2}Ke^{-x} \Leftrightarrow \underbrace{\sqrt{\frac{2}{\pi}}e^{x-\frac{x^2}{2}}}_{:=z(x)} \leq K$$

Nun ist

$$z'(x) = (1-x)\underbrace{\sqrt{\frac{2}{\pi}}e^{x-\frac{x^2}{2}}}_{\text{kann nicht 0 werden}} \overset{!}{=} 0$$

d.h. bei $x = 1$ liegt ein Maximum vor (auf die zweite Ableitung wird verzichtet)

Für K ergibt sich also:

$$\sqrt{\frac{2}{\pi}}e^{-\frac{1}{2}+1} \leq K \Leftrightarrow K \geq \sqrt{\frac{2}{\pi}}e^{\frac{1}{2}}$$

Also

$$K = \sqrt{\frac{2}{\pi}}e^{\frac{1}{2}}$$

$$Kg(x) = \sqrt{\frac{2}{\pi}}e^{\frac{1}{2}} \cdot e^{-|x|} = \sqrt{\frac{2}{\pi}}e^{\frac{1}{2}-|x|}$$

Nun werden die Zufallsvariablen V_1 und V_2 definiert. Die ZV V_1 folgt einer Standard-Exponentialverteilung. Um eine exponentialverteile Zufallszahl zu erzeugen greifen wir auf die in Abschnitt 2 beschriebene *Inverse Transformation* zurück (vgl. Beispiel 3).

$$X = -\ln(U)$$

Zusätzlich wird eine binäre Zufallsvariable B eingeführt, die determiniert, ob V_1 positiv oder negativ ist.

$$B = B(U_2) = \begin{cases} 1 & U_2 < 0,5 \\ -1 & U_2 \geq 0,5 \end{cases}$$

$$V_1 = -B \ln(U_1)$$

Die ZV V_2 sei gleichverteilt zwischen der x-Achse und der Exponentialfunktion an der Stelle V_1:

$$V_2 = g(V_1) \cdot U_3 \cdot K$$

Wenn der Punkt $P(V_1; V_2)$ innerhalb der Standardnormaldichtefunktion liegt, wird V_1 als standardnormalverteilte Zufallszahl akzeptiert, d.h. wenn $(V_2 \leq f(V_1))$. Wenn nicht wird V_1 zurückgewiesen $(V_2 > f(V_1))$ und der Vorgang so lange wiederholt bis eine st.-normalverteilte Zufallszahl ermittelt wurde.

Beispiel 7 *Power Verteilung*

$f(x) = nx^{n-1}$, $F(x) = x^n$ $\quad x \in [0, 1], \quad n \in \mathbb{R}$

Zwar könnte diese Verteilung auch mit Hilfe der Inversen Transformation simuliert werden mittels $X = U^{1/n}$ (vgl. Abschnitt 2). Jedoch kann das Berechnen der n-ten Wurzel recht aufwendig sein. Hier soll aufgrund ihrer Einfachheit die Acceptance-Rejection-Methode Verwendung finden.

Da die Power Dichtefunktion nur für den Intervall $[0, 1]$ definiert ist, kann eine konstante Funktion als

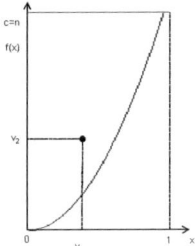

Abbildung 8: Erstellung von Zufallszahlen einer Powerverteilung mit Hilfe der Acceptance-Rejection-Methode

übergeordnete Funktion verwendet werden. Für eine möglichst hohe Effizienz sollte c gleich dem Maximum von $f(x)$ sein. Da $f(x)$ streng monoton steigt ist das Maximum dieser Funktion bei dem Randpunkt $x = 1$ und somit $f(x = 1) = n$. Also ist $g(x) = c = n$.

Die Zufallsvariable V_1 sei gleichverteilt auf dem Intervall $[0, 1]$ der x-Achse: $V_1 = U_1$.

Die Zufallsvaribale V_2 sei gleichverteilt auf dem Intervall $[0, n]$ der y-Achse: $V_2 = n \cdot U_2$.

Wenn der Punkt $P(V_1; V_2)$ innerhalb der Power Dichtefunktion liegt, also wenn $V_2 < f(U_1)$ so wird V_1 als Zufallszahl akzeptiert. Ansonsten wird der Vorgang so lange wiederholt bis eine Zufallszahl akzeptiert ist.

Es sei t die Effizienz der verwendeten übergeordneten Funktion. t sei gleich der Fläche unterhalb der gewünschten Dichtefunktion dividiert durch die Fläche unterhalb der übergeordneten Dichtefunktion. Da die Fläche unterhalb $f(x)$ immer gleich 1 und die Fläche des Rechtecks gleich $n \cdot 1$ ist, ist $t = \frac{1}{n}$. Die Effizienz dieser Methode nimmt also mit zunehmendem n ab. Sie kann durch eine bessere Anpassung der übergeordneten Funktion erhöht werden. Statt der konstanten Funktion $g(x) = c = n$ könnte $g(x) = nx$ verwendet werden. Damit erhöht sich die Effizienz gemäß obiger Definition auf $t = \frac{2}{n}$. Zu beachten ist, dass die tatsächliche Effizienz, d.h. die Geschwindigkeit, in der der Vorgang von einem Computer ausgeführt wird, nicht unbedingt verbessert wird, da die Berechnung gleichverteilter Punkte unterhalb einer linearen Funktion aufwendiger ist als die Berechnung gleichverteilter Punkte unterhalb einer konstanten Funktion.

Literatur

[1] **Deak, Istvan** *Random Number Generators and Simulation,*; Akademiai Kiado; 1990

[2] **Rubinstein, Reuven Y.** *Simulation And The Monte Carlo Method*; John Wiley & Sons, 1981

[3] **Tezuka, Shu** *Uniform Random Numbers: Theory and Practice*; Kluwer Academic Publishers; 1995